轻断食
代餐果昔

美味轻食

[法]弗恩·格林 著 孙萍 译

轻断食
代餐果昔

美味轻食

北京出版集团公司
北京美术摄影出版社

目录

引言

当今，从清晨起床到夜晚就寝，我们的身体便一直暴露于毒素之中。它们以化学药品、农药、激素及其他污染物的形式出现，在我们当下生存的环境如涂料、护肤霜、地毯、家具甚至自来水中随处可见。尽管我们的身体与生俱来地具有帮助我们排出这些毒素的天然排毒剂，然而，这类毒素却与日俱增，尤其是在我们每天食用的食物中，这给我们的健康带来巨大威胁。

毒素在我们的体内越积越多，对我们的健康产生了持续的危害，使我们的免疫系统变得越来越弱。矿物质的缺乏使这种状况变得更加恶劣，从而导致了各种症状的出现，如缺少活力、头痛、体重问题、过敏反应、情绪波动和失眠等。为了能够帮助我们的身体有效排毒，我们需要在消除这些有害物质方面给我们的身体一些帮助，一个有效的排毒计划能帮助我们实现这一目标。

什么是果汁排毒？

果汁排毒可以给身体所需的时间来冲洗堆积的毒素。在短暂的排毒过程中，身体得以清洁、净化并重塑。接连数日的深层排毒能在人体的组织层面深层清洁堆积的毒素和废物。三五天短暂的果汁排毒是清除体内毒素和改善机体的绝妙方法。它们加速了整个新陈代谢过程：你多余的体重掉下去了，皮肤变得更加清透，秀发焕发光彩，双眸熠熠生辉，与此同时，肠道被清洁，重要器官也释放出积存已久的毒素。

谁适合果汁排毒？

对我们绝大多数人来说，果汁排毒是没有危害的。任何想变得更健康、更有活力的人都可以尝试，而那些有慢性病的人，如糖尿病、心脏病、肝病或癌症患者以及老年人和怀孕妇女则应该先咨询医生。

多久可以排毒一次？

这取决于您自己，以及您在生活中须承担的其他责任。果汁排毒的次数不固定，一周一次是一个很好的开始。

排毒中喝些什么？

最有效的果汁是以柑橘类水果为基础的，它们被认为是比蔬菜汁更强的肠道清洁剂。然而，纯水果排毒可能会让你觉得有点不能接受。在这本书中，有水果、蔬菜果汁的混合，建议在一天中与过滤水或瓶装水以及花草茶一同饮用。

设备

　　无论你是制作果汁的新手还是经常制作果昔，拥有合适的设备都是很重要的。如果你特别喜欢果汁，榨汁机是很重要的。它们能从所有的水果和几乎所有的蔬菜中榨出果汁，但是，如果想要制作果昔和果仁奶的话，你就需要一台搅拌机了，因为坚果、香蕉和牛油果等是需要高速搅拌的。

使用搅拌机

　　现今充斥市场的搅拌机有很多型号，它们形状、规格各异，务必货比三家后再挑选出符合你预算的搅拌机。一台有快速电机的搅拌机能够将所有原料高速搅拌为精美的果肉，这正是你所需要的。

不用榨汁机制作果汁

　　不用榨汁机制作果汁，仅仅将所有的原料都放入搅拌机中，并将它们混合在一起。将这些混合物倒入罐子上方的非金属滤网中，并用一个橡胶刮铲或木勺来辅助榨汁，使果汁慢慢地穿过滤网。这种方法清洗起来有些麻烦，但相较于使用榨汁机还算比较轻松的。

有用的设备

- 搅拌机
- 塑料滤网
- 大罐子或大碗
- 橡胶刮铲或木勺
- 炖锅

如何定制专属排毒计划

有时候，制订一个排毒计划可能有点儿难。使用下页的列表作为指南，来帮助你选择制作果汁使用的水果和蔬菜，以解决日常不同的健康问题。

购买什么原料？

购买原料的时候，尝试购买有机水果和蔬菜，这是因为有机水果和蔬菜不会使用人造肥料和农药，并且还含有较高含量的维生素、矿物质和微量元素，有益于环境以及我们个人健康。将新鲜的水果和蔬菜储藏在一个阴凉、干燥的地方，以便存放得更久。

准备排毒

在精神上做好准备，在开始排毒之前先进入一个积极的心境，这是非常重要的。这将帮助你愉快地完成排毒过程。试着留出一天的时间，在这一天里尽可能地放松和休息，因为这将有益于你的整个机体。也可以做个按摩或洗个桑拿浴来帮助清洁过程，或者尽量确保高质量的睡眠质量。

在准备阶段，提前一天确保所需的所有原料都已经备齐，这是至关重要的。并且，在排毒的前一天试着少吃点，尽量不要吃肉、鱼、鸡蛋、奶制品和小麦等。完成排毒后，让身体慢慢地恢复到一日三餐状态，这对整个排毒过程也是十分重要的。如果你

有喝咖啡的习惯，在排毒期间，或许会因为短暂停止咖啡因而感到头疼。如果发生这种情况，可以在开始排毒一周之前就逐渐减少咖啡的摄入量，每天逐渐减掉一杯咖啡，直到在排毒日咖啡摄入量为零，或者仅仅允许自己在白天喝一小杯清咖啡，以远离头痛。

在排毒期间锻炼

如果排毒期间辅以少量运动，如瑜伽、慢走或呼吸运动等，那么排毒计划的效果将会得到极大地增强。连续三天排毒才会产生效果，因此，当你同时还有许多其他的活动时，尽量不要安排排毒计划。保证你的家人和密友都了解你的排毒计划，这样他们便会支持你，并且不过多地要求你。

排毒第一天

排毒第一天通常是最难的，这是因为身体需要时间来适应没有食物的状态，你也许会感到有点饿。千万别慌！回报是丰厚的，阵阵饥饿感终将过去，在排毒之后你将比预想的还要活力四射，头脑更加清晰。

如何制作排毒果汁

1
选择绿色蔬菜
羽衣甘蓝、嫩卷心菜、菠菜和著莛菜

▼

2
加入排毒水果和蔬菜（见图表）
也可以加入你喜欢的水果

▼

3
加入调料
奇亚籽油、果仁黄油、鲜姜、玛咖粉、香草、鲜薄荷、新鲜草药、桂皮、未加工的蜂蜜

▼

4
加入液体
过滤水、椰子汁、果仁奶

果汁排毒的优选水果和蔬菜

下表按照不同的健康问题进行分类，以帮助你选择适合特定状况下的最佳水果和蔬菜。

皮肤健康

饱受痤疮的折磨，皮肤需要一个抗衰老的利器

苹果、牛油果、西蓝花、胡萝卜、芹菜、茴香、葡萄柚、羽衣甘蓝、芒果、甜瓜、洋葱、橙子、南瓜、菠菜、草莓

压力克星

经常饱受焦虑和压力的折磨

香蕉、西蓝花、芹菜、羽衣甘蓝、柠檬、莴苣、青柠、橙子、水蜜桃、菠菜、瑞士甜菜、番茄或豆瓣菜

血液净化

饱受许多疾病的折磨，如体内酸性物质含量高等

牛油果、甜菜根、西蓝花、甘蓝、胡萝卜、芹菜、香菜、葡萄、生姜、羽衣甘蓝、莴苣、柠檬、橙子、水蜜桃、梨、红辣椒、菠菜、番茄或西瓜

促进消化与便秘

反应迟缓，排便不规律

苹果、甜菜根、黑莓、球芽甘蓝、胡萝卜、甘蓝、茴香、无花果、亚麻籽、葡萄、羽衣甘蓝、莴苣、橙子、木瓜、欧洲防风草、桃子、西梅干、南瓜或豆瓣菜

增强活力

新陈代谢缓慢，感觉疲惫

苹果、杏、香蕉、蓝莓、甜瓜、胡萝卜、辣椒、茴香、葡萄柚、柠檬、羽衣甘蓝、芒果、香芹、欧洲防风草、水蜜桃、梨、胡椒、橙子、草莓或菠菜

下表将食物分为不同的颜色，以帮助你决定每天在果昔里都放些什么。

红色

番茄、树莓、草莓、樱桃、红辣椒、小萝卜

- 这些食物含有番茄红素。
- 能保护细胞，有助于预防心脏病。
- 帮助保护皮肤，防止晒伤。
- 可预防某些癌症的发生。

橙色和黄色

橙子、木瓜、油桃、水蜜桃、芒果、克莱门氏小柑橘、柑橘、无核小蜜橘、杏、红薯、胡萝卜

- 这些食物含有能改善免疫系统的β-胡萝卜素。
- 可转变为体内的维生素A，对视力、免疫功能、皮肤和骨骼健康来说都是必不可少的。
- 含有橙皮素，能减少患心血管疾病的风险。
- 含有β-隐黄素，有助于预防风湿性关节炎的发生。

紫色

无花果、李子、黑醋栗、蓝莓、黑莓、甜菜根

- 这些食物含有能防止疼痛和炎症的花青素。
- 能保持健康的血压。
- 有显著的抗衰老的效果。

绿色

牛油果、甜瓜、苹果、梨、猕猴桃、小胡瓜、黄瓜、菠菜、豆瓣菜、莴苣、混合叶、甘蓝、西蓝花、芦笋、芹菜、嫩卷心菜、羽衣甘蓝、球芽甘蓝

- 这些食物含有叶黄素和玉米黄质，有助于保护眼睛不受伤害并降低患白内障的风险。
- 含有异硫氰酸盐，具有很强的抗癌性。

白色

欧洲防风草

- 这些食物含有蒜素，能增强身体抗感染的能力。
- 具有很强的抗菌性、抗真菌性、抗寄生物性和抗病毒性。

果昔2：柠檬排毒果汁

制作大约220ml果汁

所需食材

半个柠檬榨汁 · 半个青柠榨汁 · 少许辣椒
1块拇指大小的生姜 · 1咖啡匙量的龙舌兰花蜜

将所有原料放入搅拌机中，并加入200ml的过滤水。用搅拌机
搅拌直至混合物变得均匀细腻；将混合物倒入大罐或碗上方的塑料
滤网中。用一把橡胶刮铲或木勺帮助果汁通过滤网。

在排毒计划的每一天都应当饮用这种果汁。它能够加快新陈代谢，增强免疫力，并每天都为身体提供碱化剂。它还能让你从水果和蔬菜果汁中解脱出来。在排毒期间要确保饮用这种果汁。

 促进新陈代谢 促进血液循环 深层清洁

新陈代谢

　　新陈代谢管理着身体的各项机能，增强新陈代谢能够让血液系统保持血液供给并使你处于最有活力的状态。随着一天天地变老，我们常常变得很懒散，觉得我们需要放慢速度。正因为如此，我们的新陈代谢也开始减缓，这使得我们消耗较少的热量。因此，如果你的饮食没有改变，这将使你的体重增加。有规律的锻炼、保证充足的睡眠以及食用正确的食物都是有效的改变。这对帮助维持并保持新陈代谢以最佳速度运转方面起着至关重要的作用。试试这个果昔计划，它将会让你的新陈代谢离不开它。

有助于促进新陈代谢的水果和蔬菜

苹果和梨

这些美味的水果富含纤维，是让你感觉饱腹感很强的重要
成分。它们还含有果糖，能加快新陈代谢的速度。

燕麦片

这是一种包含营养素和复杂碳水化合物的全谷物，它通过
稳定胰岛素水平来加快新陈代谢的速度。燕麦片使你的能
量保持平稳并有助于防止身体储存多余的脂肪。

墨西哥辣椒

像墨西哥辣椒这样辛辣的辣椒能直接促进新陈代谢及
血液循环。混合辣椒素能即刻刺激身体的痛觉感，暂
时增强血液循环，从而加快新陈代谢的速度。

排毒一次需要多少天？

这是一个5日排毒计划，但如果你之前从未排过毒，我建议初次排毒时间以3天为佳。

准备工作

在排毒的前两天购买你需要的所有原料。储备额外的柠檬和花草茶，尤其是绿茶，这是因为有证据表明这有助于加快新陈代谢。提前一天制作好果昔和果汁，以便坚持计划。

计划表

每天要喝光6种果昔。清晨，用一杯营养丰富的浓浓的果昔来开启崭新的一天。中午，喝第二种果昔——柠檬排毒果汁（见P12）。以果仁奶结束一整天，它将防止你晚上饥饿。无须一口气喝完所有的果昔，如果你喜欢，可以一小口一小口地享用。我觉得一支宽吸管将会非常有用。

第一天：

排毒期间需每天重复。

果昔1: 上午8:00
果昔2: 上午11:00 （见P12）
果昔3: 下午1:00
果昔4: 下午3:00
果昔5: 下午5:00
果昔6: 晚上7:30

可以不必严格地按照这些时间执行，但在上床睡觉之前的2小时内不要进食。排毒期间需要大量饮水，建议每天喝6~8杯水。

果昔1：香蕉燕麦

制作大约300ml果昔

所需食材

2汤匙量的燕麦麸·1根香蕉，去皮·200ml天然酸奶
1汤匙量的椰子油·1颗椰枣，去核

将所有的原料放入搅拌机中，并加入100ml过滤水。
用搅拌机搅拌直至混合物变得均匀细腻。

这种果汁有助于使血糖水平保持平稳。

DC 降低胆固醇　FD 有助于消化　RJ 令人焕发活力

果昔3：甘蓝梨汁

制作大约300ml果昔

所需食材

3棵羽衣甘蓝·2个梨，去核·1个青柠，去皮·1串绿葡萄

将所有的原料放入搅拌机中，并加入150ml过滤水。
用搅拌机搅拌直至混合物变得均匀细腻；
将混合物倒入大罐或碗上方的塑料滤网中。
用一把橡胶刮铲或木勺帮助果汁通过滤网。

这种果汁富含维生素K，有助于强健骨质，防止钙在
我们的组织里堆积，并改善我们的神经系统。

PS 造血 **FD** 有助于消化 **M** 增加矿物质

果昔4：绿色心情

制作大约250ml果昔

所需食材

2个梨，去核·1把嫩菠菜叶
5块西蓝花的顶部·1个青柠，将半个青柠的皮保留，剩余的青柠去皮

将所有的原料放入搅拌机中，并加入200ml过滤水。
用搅拌机搅拌直至混合物变得均匀细腻；
将混合物倒入大罐或碗上方的塑料滤网中。
用一把橡胶刮铲或木勺帮助果汁通过滤网。

这种果汁富含类黄酮，有助于恢复皮肤活力。

AI 消炎 **ES** 加快血液流通 **RT** 降低血压

果昔5：新鲜胡萝卜

制作大约400ml果昔

所需食材

1根胡萝卜·少许辣椒·6个克莱门氏小柑橘，去皮
1个青柠，去皮·2根芹菜梗·1/4根黄瓜

将所有的原料放入搅拌机中，并加入100ml过滤水。
用搅拌机搅拌直至混合物变得均匀细腻；
将混合物倒入大罐或碗上方的塑料滤网中。
用一把橡胶刮铲或木勺帮助果汁通过滤网。

这种果汁有益于促进循环并增强心脏活力。

V 增加维生素 **BM** 促进新陈代谢 **AI** 消炎

果昔6：香草果仁奶茶

制作大约300ml奶茶

所需食材

75克腰果・2滴香草精・1汤匙量的椰子油
1咖啡匙量未加工的可可粒・2颗椰枣，去核・1个奶茶包

将除了茶包之外的其他原料放入搅拌机中，并加入300ml过滤水。用搅拌机
搅拌直至混合物变得均匀细腻；将混合物倒入大罐或碗上方的塑料滤网中。
用一把橡胶刮铲或木勺帮助果汁通过滤网。将果汁倒入
炖锅并加入奶茶包。用小火低温加热3~4分钟。

这种奶茶包含磷元素，磷元素能补给能量并强健牙齿和骨骼。

C 镇静安神 **CI** 愈合伤口 **IF** 抗感染

清洁皮肤

　　每个人的皮肤每天都在与因暴露于污染而带来的毒素、日光损伤及化学物质进行着斗争。这些都会影响皮肤健康，使皮肤恶化，从而过早地出现皱纹。由于皮肤是人体抵御疾病的第一道防线，因此，必须使它保持柔软、强壮。皮肤问题包括湿疹、牛皮癣、痤疮和皱纹等。这些问题都需要来自体内的一点点帮助。没有人想要干性皮肤或油性皮肤，这将导致斑点的出现，并使皮肤变薄。

有助于皮肤健康的水果和蔬菜

茴香

茴香是维生素C的重要来源，它有助于细胞的再造和修复。茴香不但有助于胶原蛋白的形成，还包含一种特殊的能够减少炎症的植物营养素，并具有天然的抗菌性，能够平衡内脏中的细菌并促进排毒。

苹果

苹果包含能够分解碳水化合物的酶，同时含有丰富的植物营养素。这些物质能帮助调节血糖水平，这对皮肤健康来说是非常重要的，这是因为血糖升高会损害胶原蛋白。

黄瓜

富含矿物质和维生素B。由于黄瓜含有95%的水分和重要的电解质，因此是保持皮肤湿润的佳品。

排毒一次需要多少天?

如果你以前从未排过毒，那么你可以选择为期3天的排毒作为开始。如果您经常饮用绿色果汁，或者之前做过排毒，或经常进行生机饮食的话，那么排毒可持续5天。

准备工作

在排毒的前两天购买需要的所有原料。储备额外的柠檬和花草茶来帮助排毒。提前一天制作好果昔和果汁，以便坚持计划。

计划表

每天要喝光6种果昔。清晨，用一杯营养丰富的浓浓的果昔来开启崭新的一天。中午，喝第二种果昔——柠檬排毒果汁（见P12）。以果仁奶结束一整天，它将防止你晚上饥饿。无须一口气喝下所有的果昔，如果你喜欢，可以一小口一小口地享用。我觉得一支宽吸管将会非常有用。

第一天：

排毒期间需每天重复。

果昔1:上午8:00
果昔2:上午11:00（见P12）
果昔3:下午1:00
果昔4:下午3:00
果昔5:下午5:00
果昔6:晚上7:30

不必严格地按照这些时间执行，但在上床睡觉之前的2小时内不要进食。排毒期间需要大量饮水，建议每天喝6~8杯水。

果昔1：美味苹果翠

制作大约300ml果昔

所需食材

半个青苹果，去核·半个红苹果，去核·1根芹菜梗

半个黄椒·1棵菠菜·半根茴香

1棵羽衣甘蓝·半个柠檬，去皮·1块拇指大小的生姜·1/4根黄瓜

将所有的原料放入搅拌机中，并加入100ml过滤水。用搅拌机
搅拌直至混合物变得均匀细腻；将混合物倒入大罐或碗上方的
塑料滤网中。用一把橡胶刮铲或木勺帮助果汁通过滤网。

这种果汁富含维生素A、维生素C、维生素B和维生素B$_6$。叶酸含量高，能帮助身体合成脱氧核糖核酸。

 调节气血　 消炎　 保湿

果昔3：菠萝维C增强剂

制作大约300ml果昔

所需食材

1个橙子，去皮・半个茴香根・50ml芦荟汁

半个菠萝，去皮并切碎・10片薄荷叶・2棵菠菜

将所有的原料放入搅拌机中。用搅拌机搅拌直至混合物变得均匀细腻；将混合物倒入大罐或碗上方的塑料滤网中。用一把橡胶刮铲或木勺帮助果汁通过滤网。

这种果汁富含维生素C，维生素C是合成胶原蛋白所必需的。胶原蛋白是维持血管皮肤和骨骼健康所必需的主要结构蛋白。

(AI) 消炎　(M) 增加矿物质　(FD) 有助于消化

果昔4：泰式黄瓜

制作大约300ml果昔

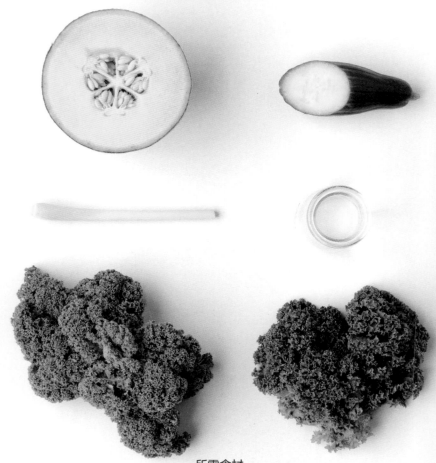

所需食材

1/4根黄瓜·半个甜瓜，大约150克，去皮

1根香茅茎·2棵羽衣甘蓝·100ml椰子汁

将所有的原料放入搅拌机中。用搅拌机搅拌直至混合物
变得均匀细腻；将混合物倒入大罐或碗上方的塑料滤网
中。用一把橡胶刮铲或木勺帮助果汁通过滤网。

这种果汁富含维生素A，维生素A对牙齿、皮肤、骨骼和黏膜健康十分重要。它还有助于提高视力。

RG 再生　AI 消炎　DX 排毒

果昔5：绿色养颜汁

制作大约300ml果昔

所需食材

3块西蓝花的顶部·半根茴香·1个苹果，去核

1/4根黄瓜·5小枝香菜叶

将所有的原料放入搅拌机中，并加入100ml过滤水。用搅拌机搅拌直至混合物
变得均匀细腻；将混合物倒入大罐或碗上方的塑料滤网中。
用一把橡胶刮铲或木勺帮助果汁通过滤网。

这种果汁富含能够抵抗疾病的营养成分。

 保湿  净化  增加矿物质

果昔6：姜黄杏仁奶

制作大约320ml果昔

所需食材

100g杏仁·半咖啡匙量的姜黄粉·2颗椰枣，去核·少许盐

将所有的原料放入搅拌机中，并加入300ml过滤水。用搅拌机搅拌直至混合物
变得均匀细腻；将混合物倒入大罐或碗上方的塑料滤网中。
用一把橡胶刮铲或木勺帮助果汁通过滤网。

这是一种极好的能增强碱性的蛋白质奶。它还有助于降低血糖并避免饥饿。

RC 修复皮肤　AI 抗感染　DX 排毒

增强活力

　　我们都知道，常见的运动形式对我们的心情、心脏健康和皮肤都有着直接的影响。我们也知道，运动能极大地提高我们的能级。而另一方面，如果我们没有食用正确的食物，或者没有补充碳水化合物，这通常会对我们的精力造成负面影响。碳水化合物主要的缓释剂是蔬菜，如藜麦、斯佩尔特小麦和糙米之类的全谷物。蛋白质对于锻炼和恢复来说是必要的。它有助于恢复和修复肌肉组织，如鸡蛋、豆类、果仁和种子等都富含蛋白质。当你感觉有点缺乏光泽并需要增强活力时，可选用这个排毒计划。如果你定期锻炼，它可以帮助你。

有助于增强活力的水果和蔬菜

香蕉

香蕉是抗氧化剂和健康的碳水化合物的重要来源，它们分解为血糖后为身体提供养料。由于香蕉的纤维含量低，因此香蕉很容易被消化。因为它们很快就被会分解，因此，建议将其与蛋白质或花生酱之类的健康脂肪混合食用。

菠菜

菠菜能够有效地增加体内铁元素的含量。缺铁是引发疲劳的常见原因。如果身体组织没有获得足够的氧气，说明你的饮食中缺少足够的铁元素。

葡萄柚

维生素C在帮助身体形成氨基酸方面发挥着重要的作用，氨基酸是化学物质的前体，能够调节能量水平。缺乏维生素C的最初征兆是疲劳感。

排毒一次需要多少天？

这是一个为期3天的排毒计划。

准备工作

在排毒的前两天购买需要的所有原料。储备额外的柠檬和花草茶来帮助排毒。提前一天便制作好果昔和果汁，以便坚持计划。

计划表

每天要喝光6种果昔。清晨，用一杯营养丰富的浓浓的果昔来开启崭新的一天。中午，喝第二种果昔——柠檬排毒果汁（见P12）。以果仁奶结束一整天，它将防止你晚上饥饿。无须一口气喝下所有的果昔，如果喜欢，可以一小口一小口地享用。我觉得一支宽吸管将会非常有用。

第1天：

排毒期间需每天重复。

果昔1:上午8:00
果昔2:上午11:00（见P12）
果昔3:下午1:00
果昔4:下午3:00
果昔5:下午5:00
果昔6:晚上7:30

可以不必严格地按照这些时间执行，但在上床睡觉之前的2小时内不要进食。排毒期间需要大量饮水，建议每天喝6~8杯水。

果昔1：香甜碳酸物

制作大约320ml果昔

所需食材

125g甜土豆（大约半个中等大小的甜土豆），去皮并切成小块

2棵羽衣甘蓝 · 1棵菠菜

2个水蜜桃，去核 · 2小枝薄荷叶 · 1个青柠，去皮

将所有的原料放入搅拌机中，并加入200ml过滤水。用搅拌机搅拌直至混合物变得均匀细腻；将混合物倒入大罐或碗上方的塑料滤网中。用一把橡胶刮铲或木勺帮助果汁通过滤网。

富含维生素D，维生素D对我们的身体和心情起着重要的作用，并有助于构建健康的骨骼、心脏、神经、皮肤和牙齿。

Ⓔ 令人精力充沛　Ⓜ 增加矿物质　ⒻⒹ 有助于消化

果昔3：香蕉增强剂

制作大约250ml果昔

所需食材

1根香蕉，去皮·1汤匙量的花生酱·250ml椰子汁

———————

将所有的原料放入搅拌机中，用搅拌机搅拌直至混合物变得均匀细腻。

这种果昔富含钾元素和维生素B_6，对增强血液循环和预防高血压大有裨益。

FD 有助于消化　H 保湿　E 令人精力充沛

果昔4：葡萄柚汁

制作大约250ml果昔

所需食材

1根中等大小的胡萝卜·1棵菠菜·1棵羽衣甘蓝

1个橙子，去皮·1个葡萄柚，去皮

将所有的原料放入搅拌机中，并加入100ml过滤水。用搅拌机搅拌
直至混合物变得均匀细腻；将混合物倒入大罐或碗上方的塑料
滤网中。用一把橡胶刮铲或木勺帮助果汁通过滤网。

这种果汁有助于预防饥饿。它富含维生素C和β–胡萝卜素。

V 增加维生素 **A** 使身体呈碱性 **RF** 令人神清气爽

果昔5：清爽甜菜

制作大约300ml果昔

所需食材

3个甜菜 · 1把嫩菠菜叶 · 2把蓝莓 · 1/4根黄瓜

将所有的原料放入搅拌机中，并加入150ml过滤水。用搅拌机搅拌
直至混合物变得均匀细腻；将混合物倒入大罐或碗上方的塑料
滤网中。用一把橡胶刮铲或木勺帮助果汁通过滤网。

这种高营养的果汁有助于增加体力，并让
肌肉更有效地工作以降低血压。

Ⓔ 令人精力充沛　Ⓟ🅢 促进造血　Ⓕ 增强体质

果昔6：红薯牛奶

制作大约300ml果昔

所需食材

75g杏仁粉·125g甜土豆·半咖啡匙量的肉桂粉
少许丁香粉·1块拇指大小的生姜·2颗椰枣
1咖啡匙量的蜂蜜·少许盐

将所有的原料放入搅拌机中，并加入300ml过滤水。用搅拌机搅拌直至混合物变
得均匀细腻；将混合物倒入大罐或碗上方的塑料滤网中。用一把橡胶刮铲或
木勺帮助果汁通过滤网。如果你喜欢，可以给牛奶加热，
在炖锅里慢慢加热3~4分钟即可。

有助于调节血糖水平并使人远离饥饿感。

RJ 令人焕发活力　**RT** 降低血压　**C** 镇静安神

促进消化

　　一个健康的肠道常被视为身体的第二个大脑，是身体保持健康的一个重要部分。食物残渣和未消化的物质需要继续向肠道移动，在肠道里，水分被吸收，排泄物形成。如果你是一位健康的食者，去除排泄物将是你一天中最精彩的部分，但是如果你的饮食含有大量的动物制品和加工过的食物，这可能会是痛苦的一周。由于最主要的排毒器官是大肠，因此，保持大肠清洁、健康是至关重要的，只有这样，大肠才能适当吸收营养物质。食用以植物为主的天然食物并饮用新鲜的果汁将使你远离那些讨厌的毒素，并修复自由基对细胞组织造成的损害。

有助于消化的水果和蔬菜

木瓜

木瓜富含蛋白消化酶，蛋白消化酶有助于分解肠胃中的膳食蛋白。木瓜可以调节消化系统并支持肠胃蠕动，促进正常排便。

胡萝卜

胡萝卜是保护肝脏的重要原料。它促进胆汁生成，通过泌结胆汁酸来消解便秘，促进肠胃蠕动，加速废物在肠道中的运动。

苹果

苹果中含有一种被称为山梨糖醇的天然通便剂，在通过肠道的过程中能够锁住水分，并将水分带到大肠。这增加了肠道含水量，促进了正常排便。在西梅、桃子和梨中也含有山梨糖醇。

排毒一次需要多少天？

这是一个5日排毒计划，但如果你之前从未排过毒，我建议初次排毒时间以3天为佳。

准备工作

在排毒的前两天购买你需要的所有原料。储备额外的柠檬和花草茶，尤其是薄荷、荨麻和茴香调味料，这是因为它们有助于消化。提前一天制作好果昔和果汁，以便坚持计划。

计划表

每天要喝光6种果昔。清晨，用一杯营养丰富的浓浓的果昔来开启崭新的一天。中午，喝第二种果昔——柠檬酸橙果汁（见P12）。以果仁奶结束一整天，它将防止你晚上饥饿。无须一口气喝完所有的果昔，如果你喜欢，可以一小口一小口地享用。我觉得一支宽吸管将会非常有用。

第1天：

排毒期间需每天重复。

果昔1:上午8:00
果昔2:上午11:00（见P12）
果昔3:下午1:00
果昔4:下午3:00
果昔5:下午5:00
果昔6:晚上7:30

可以不必严格地按照这些时间执行，但在上床睡觉之前的2小时内不要进食。排毒期间需要大量饮水，建议每天喝6~8杯水。

果昔1：餐后酒

制作大约300ml果昔

所需食材

半个木瓜，去皮并去籽 · 2棵羽衣甘蓝

1个青苹果，去核 · 1个红苹果，去核 · 1根胡萝卜

将所有的原料放入搅拌机中，并加入200ml过滤水。用搅拌机搅拌
直至混合物变得均匀细腻；将混合物倒入大罐或碗上方的塑料
滤网中。用一把橡胶刮铲或木勺帮助果汁通过滤网。

这种果汁能有效地分解蛋白质，从而有助于消化。

 FD 有助于消化　NF 净化肝脏　H 保湿

果昔3：蜜桃胡萝卜

制作大约300ml果昔

所需食材

2个水蜜桃，去核·1棵菠菜

2根中等大小的胡萝卜·1/4根黄瓜

将所有的原料放入搅拌机中，并加入200ml过滤水。用搅拌机搅拌
直至混合物变得均匀细腻；将混合物倒入大罐或碗上方的塑料
滤网中。用一把橡胶刮铲或木勺帮助果汁通过滤网。

富含维生素、矿物质、抗氧化剂和纤维，是一种
极佳的富含多种功效的果汁。

NF 净化肝脏　**RC** 降低胆固醇　**V** 增加维生素

果昔4：浆果鸣唱

制作大约300ml果昔

所需食材

1棵羽衣甘蓝·半棵白菜·10个草莓，去茎

1个猕猴桃，去皮·1个青柠，去皮

将所有的原料放入搅拌机中，并加入150ml过滤水。用搅拌机搅拌
直至混合物变得均匀细腻；将混合物倒入大罐或碗上方的塑料
滤网中。用一把橡胶刮铲或木勺帮助果汁通过滤网。

这种果汁是维生素C和纤维的主要来源，也有助于降低胆固醇。

F 增强体质 BC 补脑 V 增加维生素

果昔5：芹菜葡萄汁

制作大约250ml果昔

所需食材

1汤匙量的亚麻籽油·2根芹菜梗·5小枝欧芹叶

半根茴香·1串绿葡萄

将所有的原料放入搅拌机中，并加入150ml过滤水。用搅拌机搅拌
直至混合物变得均匀细腻；将混合物倒入大罐或碗上方的塑料
滤网中。用一把橡胶刮铲或木勺帮助果汁通过滤网。

这种果汁富含有助于预防疾病的抗氧化剂。

 调节消化  排毒  消炎

果昔6：茴香果仁奶

制作大约300ml果昔

所需食材

30g杏仁・30g腰果・30g开心果・1咖啡匙量的茴香籽

2粒豆蔻・半咖啡匙量的肉桂粉・2颗椰枣，去核

将杏仁、腰果、开心果和椰枣放入搅拌机中，并加入300ml过滤水。用搅拌机

搅拌直至混合物变得均匀细腻；将混合物倒入大罐或碗上方的塑料滤网中。

用一把橡胶刮铲或木勺帮助果汁通过滤网。将其倒入炖锅中，

加入茴香籽、豆蔻和肉桂粉，并在小火慢慢加热3~4分钟。

过滤即可饮用。

这种果汁是增加铁元素摄入量并改善消化不良的绝佳饮品。

 镇静安神  促进造血  增强免疫

压力克星

　　当我们饱受压力的折磨时，我们会从肾上腺释放压力荷尔蒙肾上腺素和皮质醇，它们存在于肾脏的顶部。这会导致血糖升高、肌肉收缩、呼吸微弱、血压升高和心率加快，也被称为战逃反应，会导致糖尿病、体重增加和消化问题。幸运的是，我们能够通过饮食和生活方式的改变来改善这种状况。饮食规律并保证8个小时的睡眠有助于身体的放松。食用复合碳水化合物并尽量少吃糖和零食也会有所帮助。将酒精和咖啡因之类的刺激物替换为新鲜果汁之类的高营养食物也能显著地减少这些症状。

对抗压力的水果和蔬菜

芹菜

芹菜中的植物营养素里有苯酞，苯酞具有镇静效果，有助于减少压力荷尔蒙并放松动脉肌肉壁，从而增加血流量。芹菜还富含维生素K、维生素C、维生素B$_6$、钾元素、叶酸和纤维。

香蕉

缺乏维生素B$_6$会减少血清素的生成，血清素是身体内改善情绪的重要化学物质之一，因此，每天吃香蕉能够保证血清素水平和钾元素的含量。

瑞士甜菜

压力能引起感觉焦虑和烦躁易怒等症状，将使您体内缺镁。瑞士甜菜能增加身体对镁的摄入量，这将有助于减轻焦虑。

排毒一次需要多少天？

这是一个5日排毒计划，但如果你之前从未排过毒，我建议初次排毒时间以3天为佳。

准备工作

在排毒的前两天购买你需要的所有原料。储备额外的柠檬和花草茶。提前一天制作好果昔和果汁，以便坚持计划。

计划表

每天要喝光6种果昔。清晨，用一杯营养丰富的浓浓的果昔来开启崭新的一天。中午，喝第二种果昔——柠檬排毒果汁（见P12）。以果仁奶结束一整天，它将防止你晚上饥饿。无须一口气喝完所有的果昔，如果你喜欢，可以一小口一小口地享用。我觉得一支宽吸管将会非常有用。

第1天：

排毒期间需每天重复。

果昔1:上午8:00
果昔2:上午11:00（见P12）
果昔3:下午1:00
果昔4:下午3:00
果昔5:下午5:00
果昔6:晚上7:30

可以不必严格地按照这些时间执行，但在上床睡觉之前的2小时内不要进食。排毒期间需要大量饮水，建议每天喝6~8杯水。

果昔1：风味香蕉

制作大约250ml果昔

所需食材

1根香蕉，去皮·200ml天然酸奶·1汤匙量的杏仁奶油

1颗椰枣，去核·半咖啡匙量的肉桂粉

将所有的原料放入搅拌机中，并加入50ml过滤水。用搅拌机搅拌
直至混合物变得均匀细腻；将混合物倒入大罐或碗上方的塑料
滤网中。用一把橡胶刮铲或木勺帮助果汁通过滤网。

这种果汁富含色氨酸，色氨酸在体内转化为血清素，
从而有助于改善人的心情。

(R) 调节情绪　(V) 增加维生素　(MO) 促进肌肉和骨骼强健

果昔3：甘蓝芹菜汁

制作大约300ml果昔

所需食材

2根芹菜梗·半根黄瓜

2棵羽衣甘蓝·1个苹果，去核·半个柠檬，去皮·1咖啡匙量的蜂蜜

将所有的原料放入搅拌机中，并加入150ml过滤水。用搅拌机搅拌直至
混合物变得均匀细腻；将混合物倒入大罐或碗上方的塑料滤
网中。用一把橡胶刮铲或木勺帮助果汁通过滤网。

作为一种运动后饮用的果汁，该果汁堪称佳品，它能替代电解质
并为身体补充丰富的矿物质。

AS 缓解压力　**ES** 增强血液循环　**V** 增加维生素

果昔4：绿色椰汁

制作大约250ml果昔

所需食材

4片带茎的瑞士甜菜叶 · 2棵羽衣甘蓝

2根西芹梗 · 1个猕猴桃，去皮 · 250ml椰子汁

将所有的原料放入搅拌机中。用搅拌机搅拌直至混合物
变得均匀细腻；将混合物倒入大罐或碗上方的塑料滤网
中。用一把橡胶刮铲或木勺帮助果汁通过滤网。

这是一种有助于调节血糖水平的营养丰富的果汁。

 保湿 缓解压力 促进新陈代谢

果昔5：菠萝菠菜汁

制作大约400ml果昔

所需食材

半个菠萝，去皮并切成块

2根芹菜梗·2棵菠菜·1小把欧芹

将所有的原料放入搅拌机中，并加入50ml过滤水。用搅拌机搅拌
直至混合物变得均匀细腻；将混合物倒入大罐或碗上方的塑料
滤网中。用一把橡胶刮铲或木勺帮助果汁通过滤网。

这种果汁富含抗氧化剂，能增加血液中的氧。

 利尿 活肤 恢复元气

果昔6：芒果果仁奶

制作大约350ml果昔

所需食材

75g腰果·1个芒果，去皮并去核
1汤匙量的奇亚籽油

将所有的原料放入搅拌机中，并加入300ml过滤水。用搅拌机搅拌直至
混合物变得均匀细腻；将混合物倒入大罐或碗上方的塑料滤网中。
用一把橡胶刮铲或木勺帮助果汁通过滤网。如果你觉得喝起来
有点稠，试着多加点水或像喝汤那样用勺子喝。

这种果汁有助于使身体呈弱碱性并清洁皮肤。

Ⓒ 镇静安神　Ⓥ 增加维生素　Ⓘ 增强免疫

净化

　　有时，我们感到身体空荡荡的，行动迟缓，抑或需要养精蓄锐。通常，一个假期是我们所能想到的帮助我们解决这一问题的方法，但如果无法去度假，那么适当的休息将会有所帮助。采用净化排毒是一个好的开始。保持一个健康的身体，最好能除去潜藏在我们的血液中的那些有害细菌或异物，给我们的身体来一次彻底的清洗，并接触许多营养物质。令人欣慰的是，果昔是实现这种净化的一个好方法。净化血液的这个排毒计划将给每个人以巨大的改观，而不仅仅是肝脏。

有助于净化身体的水果、蔬菜和调味品

生姜

果昔中的生姜性温，含有一种被称为姜辣素的物质，
有杀掉寄生虫或对人体有害细菌的作用。

牛油果

牛油果富含纤维和对人体有益的脂肪，以及多种矿物质和维生素，由
于具有高度多样性和大量的类胡萝卜素，它具有很强的消炎功能。

西蓝花

西蓝花是人体必需的多种营养素的丰富来源，它对人体
健康有许多益处，如净化血液等。西蓝花含有抗癌、
抗氧化化合物，有助于肝脏排毒和净化血液。

芫荽

这种草本植物能够有效地净化人体内的重金属。

排毒一次需要多少天？

这是一个5日排毒计划，但如果你之前从未排过毒，我建议初次排毒时间以3天为佳。

准备工作

在排毒的前两天购买你需要的所有原料。储备额外的柠檬和花草茶。每天饮用生姜茶：1咖啡匙量的捣碎的生姜、白开水、蜂蜜和一杯鲜榨柠檬汁。大蒜是天然的抗菌素，排毒期间可以吃大蒜作为补充剂。提前一天制作好果昔和果汁，以便坚持计划。

计划表

每天要喝光6种果昔。清晨，用一杯营养丰富的浓浓的果昔来开启崭新的一天。中午，喝第二种果昔——柠檬排毒果汁（见P12）。以果仁奶结束一整天，它将防止你晚上饥饿。无须一口气喝完所有的果昔，如果你喜欢，可以一小口一小口地享用。我觉得一支宽吸管将会非常有用。

第1天：

排毒期间需每天重复。

果昔1：上午8:00
果昔2：上午11:00（见P12）
果昔3：下午1:00
果昔4：下午3:00
果昔5：下午5:00
果昔6：晚上7:30

可以不必严格地按照这些时间执行，但在上床睡觉之前的2小时内不要进食。排毒期间需要大量饮水，建议每天喝6~8杯水。

果昔1：绿色丝绒

制作大约300ml果昔

所需食材

1个苹果，去皮并去核·1个茴香根·1/4根黄瓜

1个牛油果，去皮并去核·1串绿葡萄

将所有的原料放入搅拌机中，并加入100ml过滤水。用搅拌机搅拌直至
混合物变得均匀细腻；如果你觉得有点稠，可以多加些水。

这种果汁富含铁元素并富含有助于消化的营养素。

Ⓜ 增加矿物质　Ⓐⓘ 消炎　Ⓓ 利尿

果昔3：绿色螺旋藻

制作大约250ml果昔

所需食材

2棵羽衣甘蓝·1小把欧芹·1个猕猴桃，去皮

1个青柠，去皮·4块西蓝花的顶部

1串绿葡萄·半咖啡匙量的螺旋藻粉

———

将所有的原料放入搅拌机中，并加入200ml过滤水。用搅拌机搅拌
直至混合物变得均匀细腻；将混合物倒入大罐或碗上方的塑料
滤网中。用一把橡胶刮铲或木勺帮助果汁通过滤网。

这种果汁富含维生素C。由于它具有很强的排毒功能，因而能保持肝脏健康。

PS 净化血液　**BH** 改善心情　**IF** 抗感染

果昔4：胡萝卜土豆汁

制作大约300ml果昔

所需食材

1根胡萝卜·1棵欧洲防风草·1个中等大小的土豆·1根柠檬草茎
1个苹果，去核·1个青柠，去皮·10小枝香菜·1汤匙量的奇亚籽油

将所有的原料放入搅拌机中，并加入200ml过滤水。用搅拌机搅拌直至
混合物变得均匀细腻；将混合物倒入大罐或碗上方的塑料滤网中。
用一把橡胶刮铲或木勺帮助果汁通过滤网。如果你觉得喝
起来有点稠，多加点水直到你喜欢的浓度为止。

这种果汁富含叶酸和钾元素，对心血管健康大有裨益。

NF 净化肝脏　FD 有助于消化　AO 抗氧化

果昔5：疯狂甜瓜

制作大约250ml果昔

所需食材

5块西蓝花的顶部·1/4个小西瓜，去皮
半个甜瓜，去皮·1块拇指大小的生姜

将所有的原料放入搅拌机中。用搅拌机搅拌直至混合物变得
均匀细腻；将混合物倒入大罐或碗上方的塑料滤网中。
用一把橡胶刮铲或木勺帮助果汁通过滤网。

这种果汁有助于消炎，并使皮肤富含维生素A而保持健康。

PS 净化血液　H 保湿　MV 补充矿物质和维生素

果昔6：生姜奶酒

制作大约300ml奶酒

所需食材

100g杏仁・1块拇指大小的生姜・1咖啡匙量的蜂蜜

将所有的原料放入搅拌机中，并加入300ml过滤水。用搅拌机搅拌
直至混合物变得均匀细腻；将混合物倒入大罐或碗上方的塑料
滤网中。用一把橡胶刮铲或木勺帮助果汁通过滤网。

一种能自然地改善你的免疫系统的牛奶。

C 镇静安神 **CI** 治愈 **MO** 促进肌肉和骨骼强健

益生素

  你所食用和饮用的所有东西都与你总体的健康状况密切相关。你的健康状况如何？它始于你的肠道。我们的肠道需要有益健康的细菌来帮助抵抗感染。这些有益健康的细菌不但能够保卫我们的身体，还通过生产维生素B_1、B_2、B_5、B_6、维生素K和人体必需的脂肪酸、抗氧化剂及氨基酸来滋养我们。为了保持肠道健康，你需要给它输送许多维生素和矿物质。新鲜的绿色蔬菜起着有益的作用，有助于在肠道内建立有益健康的菌群。

有益于肠胃的水果、蔬菜和种子

亚麻籽

当亚麻籽被消化后，肠道细菌便会刺激被称为木酚素的植物雌激素的分泌。人们认为这些激素具有抗癌和消炎的功效，同时还能降低胆固醇。可以将亚麻籽油加到做好的果汁中。

天然酸奶

天然发酵的酸奶，尤其是自制的酸奶富含大量的益生菌，但最好检查标签，因为一些牌子的酸奶含有大量的果葡糖浆和人工增甜剂，含糖量极高。羊奶酸奶的益生菌含量特别高。

螺旋藻

这种超级食物是一种海藻，食用后消化道中的乳酸菌和双歧杆菌的数量会明显升高。食用螺旋藻的一个额外的好处是，它能给你补充大量的能量。

排毒一次需要多少天？

这是一个5日排毒计划，但如果你之前从未排过毒，我建议初次排毒时间以3天为佳。

准备工作

在排毒的前两天购买你需要的所有原料。储备额外的柠檬和花草茶。如果你能找到康普茶的话，最好每日饮用，它是一种发酵茶。这种茶含有许多有益健康的肠道细菌。提前一天制作好果昔和果汁，以便坚持计划。

计划表

每天要喝光6种果昔。清晨，用一杯营养丰富的浓浓的果昔来开启崭新的一天。中午，喝第二种果昔——柠檬排毒果汁（见P12）。以果仁奶结束一整天，它将防止你晚上饥饿。无须一口气喝完所有的果昔，如果你喜欢，可以一小口一小口地享用。我觉得一支宽吸管将会非常有用。

第1天：

排毒期间需每天重复。

果昔1:上午8:00
果昔2:上午11:00（见P12）
果昔3:下午1:00
果昔4:下午3:00
果昔5:下午5:00
果昔6:晚上7:30

可以不必严格地按照这些时间执行，但在上床睡觉之前的2小时内不要进食。排毒期间需要大量饮水，建议每天喝6~8杯水。

果昔1：清晨酸奶

制作大约400ml果昔

所需食材

200ml天然酸奶·2把蓝莓·8个草莓，去蒂

100ml杏仁奶·1汤匙量的燕麦片·1汤匙量的亚麻籽油

将所有的原料放入搅拌机中并用搅拌机搅拌，直至混合物变得均匀细腻。

富含维生素K的绝佳果汁，有助于增强骨质和造血功能。

C 减轻痛苦　CI 治愈　RD 调节消化

果昔3：蓝莓甘蓝汁

制作大约350ml果昔

所需食材

半棵白菜・1/3根黄瓜・2把蓝莓

2棵羽衣甘蓝・1个苹果，去核

将所有的原料放入搅拌机中，并加入100ml过滤水。用搅拌机搅拌
直至混合物变得均匀细腻；将混合物倒入大罐或碗上方的塑料
滤网中。用一把橡胶刮铲或木勺帮助果汁通过滤网。

富含铁元素、维生素C和OMEGA-3脂肪酸、OMEGA-6脂肪酸的绝佳果汁，有益于皮肤健康，能增强免疫系统。

P 净化　**AI** 抗感染　**PS** 促进造血

果昔4：热带风味

制作大约250ml果昔

所需食材

1根香蕉，去皮·1/3个菠萝，去皮并切成块

2棵菠菜·150ml天然酸奶

将所有的原料放入搅拌机中并用搅拌机搅拌，直至混合物变得均匀细腻。

这种果昔富含乳杆菌和钙元素，有助于保护结肠。

 保湿 ES 增强血液循环 AB 抗菌

果昔5：芦笋葡萄柚

制作大约250ml果昔

所需食材

1个葡萄柚，去皮·2棵羽衣甘蓝
6根大芦笋·2根芹菜梗·1咖啡匙量的螺旋藻粉

将所有的原料放入搅拌机中，并加入100ml过滤水。用搅拌机搅拌
直至混合物变得均匀细腻；将混合物倒入大罐或碗上方的塑料
滤网中。用一把橡胶刮铲或木勺帮助果汁通过滤网。

这种果汁是蛋白质和人体必需的营养素的重要来源，包含很高比例的备受推崇的铁元素的膳食营养摄取量。

PS 促进造血　**P** 增加蛋白质　**A** 使身体呈弱碱性

果昔6：绿色酸奶

制作大约300ml果昔

所需食材

75g开心果 · 200ml天然酸奶

1块拇指大小的生姜 · 1颗椰枣，去核 · 少许黑胡椒

将所有的原料放入搅拌机中，并加入100ml过滤水。用搅拌机搅拌
直至混合物变得均匀细腻；将混合物倒入大罐或碗上方的塑料
滤网中。用一把橡胶刮铲或木勺帮助果汁通过滤网。

这是一种有助于消化和舒缓胃部的绝佳奶品。

Ⓒ 镇静安神　🄵🄳 降低胆固醇　Ⓘ 增强免疫力

碱化

　　通过血液的pH值能够测量出身体系统的酸碱度。pH值低意味着身体处于酸性状态，这会在细胞层面上影响你的健康，并易导致疲劳、骨质疏松症、念珠菌病、肌肉无力和肾结石，最显著的是自由基的增加。好消息是，食用和饮用碱性食物和果汁是为细胞补充碱性矿物质的简单、有效的方法，从而让身体处于最佳健康状态。碱性食物包括像莴苣、菠菜、羽衣甘蓝和嫩卷心菜这样的蔬菜。坚持这一原则：越绿的蔬菜所含的碱性矿物质越多。饮食中最好含有新鲜的水果和藜麦、苋菜、小米及埃塞俄比亚画眉草等谷物。

能增强碱性的水果和蔬菜

蔬菜的根部

包括甜菜根、小萝卜、欧洲防风草和胡萝卜在内的蔬菜的根部都富含维生素，并有助于提高碱性。

红辣椒

红辣椒含有促进内分泌功能所必需的酶，是增强碱性的食物之一。它们还以抗菌性和富含维生素A而著称，有益于抵抗导致压力和疾病的自由基。

柠檬

黄色的水果常被看作是酸性的，但其实并不是。它们是所有食物中最具碱性的。作为一种天然的消毒剂，它们能够治愈伤口，并及时有效地缓解胃酸过多的症状、与病毒相关的病症、咳嗽、伤风、流行性感冒和烧心等症状。柠檬还能激活肝脏的功能并促进排毒。

排毒一次需要多少天？

这是一个5日排毒计划，但如果你之前从未排过毒，我建议初次排毒时间以3天为佳。

准备工作

在排毒的前两天购买你需要的所有原料。储备额外的柠檬和花草茶。提前一天制作好果昔和果汁，以便坚持计划。

计划表

每天要喝光6种果昔。清晨，用一杯营养丰富的浓浓的果昔来开启崭新的一天。中午，喝第二种果昔——柠檬排毒果汁（见P12）。以果仁奶结束一整天，它将防止你晚上饥饿。无须一口气喝下所有的果昔，如果你喜欢，可以一小口一小口地享用。我觉得一支宽吸管将会非常有用。

第1天：

排毒期间需每天重复。

果昔1:上午8:00
果昔2:上午11:00（见P12）
果昔3:下午1:00
果昔4:下午3:00
果昔5:下午5:00
果昔6:晚上7:30

可以不必严格地按照这些时间执行，但在上床睡觉之前的2小时内不要进食。排毒期间需要大量饮水，建议可以每天喝6~8杯水。

果昔1：蔬菜联盟

制作大约300ml果昔

所需食材

2棵羽衣甘蓝 · 1把嫩菠菜叶

1/4根黄瓜 · 1串绿葡萄 · 1个猕猴桃，去皮

将所有的原料放入搅拌机中，并加入100ml过滤水。用搅拌机搅拌
直至混合物变得均匀细腻；将混合物倒入大罐或碗上方的塑料
滤网中。用一把橡胶刮铲或木勺帮助果汁通过滤网。

这种果昔富含维生素C，能够增强免疫力。

NF 净化肝脏　**M** 补充矿物质　**BH** 改善心情

果昔3：鲜橙薄荷

制作大约300ml果昔

所需食材

半棵白菜·1个柠檬，去皮·半个卷心菜

1个橙子，去皮·10片薄荷叶

将所有的原料放入搅拌机中，并加入100ml过滤水。用搅拌机搅拌
直至混合物变得均匀细腻；将混合物倒入大罐或碗上方的塑料
滤网中。用一把橡胶刮铲或木勺帮助果汁通过滤网。

这种果昔含有维生素C、叶酸和钾元素，能保证你的血糖维持在非常平稳的水平上。

Ⓐ 碱化　ⒻⒹ 有助于消化　Ⓥ 补充维生素

果昔4：紫色阳光

制作大约350ml果昔

所需食材

1/4个紫甘蓝（大约125g）·2根芹菜梗

4个李子，去核·1把黑莓

将所有的原料放入搅拌机中，并加入100ml过滤水。用搅拌机搅拌
直至混合物变得均匀细腻；将混合物倒入大罐或碗上方的塑料
滤网中。用一把橡胶刮铲或木勺帮助果汁通过滤网。

这种果昔富含能够保持免疫系统健康的强有力的维生素。

NF 净化肝脏　P 深层清洁　DX 强大的解毒剂

果昔5：甜菜甘蓝汁

制作大约250ml果昔

所需食材

2个甜菜根·1个红甜椒，去籽·2棵羽衣甘蓝
1个苹果，去核·1咖啡匙量的大麦粉

将所有的原料放入搅拌机中，并加入200ml过滤水。用搅拌机搅拌
直至混合物变得均匀细腻；将混合物倒入大罐或碗上方的塑料
滤网中。用一把橡胶刮铲或木勺帮助果汁通过滤网。

这种果昔富含维生素A、维生素C和维生素K，能增强免疫功能并减少炎症。

Al 消炎　P 净化　V 补充维生素

果昔6：巴西香草

制作大约300ml果昔

所需食材

100g巴西胡桃・5颗椰枣・少许盐・2滴香草精

———

将所有的原料放入搅拌机中，并加入300ml过滤水。用搅拌机搅拌
直至混合物变得均匀细腻；将混合物倒入大罐或碗上方的塑料
滤网中。用一把橡胶刮铲或木勺帮助果汁通过滤网。

这种果仁奶中含有硒元素，硒元素是免疫系统
和甲状腺功能所必需的微量元素。

M 补充矿物质 **C** 镇静安神 **AO** 抗氧化

消夏利器

　　这种排毒是多方面的，它并不局限于改善身体的某一个部位。想要感觉精神抖擞、恢复活力，并做好沐浴阳光的准备吗？这个排毒计划将提供你所需要的增强剂。也许你感到有点疲倦，无法想象穿着比基尼式游泳衣去晒太阳，但你的皮肤需要阳光，并强烈地渴望着健康的感觉，那么这个排毒计划将给你以信心，帮助你从内而外地改变，并更好地改善你的皮肤。

增加营养的水果和蔬菜

羽衣甘蓝

这种十字花科蔬菜是纤维之王，能让你长时间有饱胀感。它还含有抗氧化剂，富含OMEGA-3脂肪酸，甚至还具有消炎的功能。

树莓

这种甜甜的可爱的红色水果是做果昔的佳品，且冷冻以后再食用也同样富含营养物质。它们含有大量的维生素、钾元素、钙元素和叶酸等矿物质，有助于保持良好的血压并促进骨骼的生长发育。

甜瓜

甜瓜富含维生素C和钾元素，是一种极好的鲜美多汁的水果，对保持健康大有裨益。

排毒一次需要多少天？

这是一个5日排毒计划，但如果你之前从未排过毒，我建议初次排毒时间以3天为佳。

准备工作

在排毒的前两天购买你需要的所有原料。储备额外的柠檬和花草茶。提前一天制作好果昔和果汁，以便坚持计划。

计划表

每天要喝光6种果昔。清晨，用一杯营养丰富的浓浓的果昔来开启崭新的一天。中午，喝第二种果昔——柠檬排毒果汁（见P12）。以果仁奶结束一整天，它将防止你晚上饥饿。无须一口气喝完所有的果昔，如果你喜欢，你可以一小口一小口地享用。我觉得一支宽吸管将会非常有用。

第1天：

排毒期间需每天重复。

果昔1:上午8:00
果昔2:上午11:00（见P12）
果昔3:下午1:00
果昔4:下午3:00
果昔5:下午5:00
果昔6:晚上7:30

可以不必严格地按照这些时间执行，但在上床睡觉之前的2小时内不要进食。排毒期间需要大量饮水，建议每天喝6~8杯水。

果昔1：甘蓝甜橙

制作大约300ml果昔

所需食材

2棵羽衣甘蓝·2个甜菜根

1个橙子，去皮·1小把欧芹·2根芹菜梗

半个柠檬，去皮·1汤匙量的亚麻籽油

将所有的原料放入搅拌机中，并加入200ml过滤水。用搅拌机搅拌直至混合物变得均匀细腻；将混合物倒入大罐或碗上方的塑料滤网中。用一把橡胶刮铲或木勺帮助果汁通过滤网。

这种果昔富含有益于骨骼的钙元素。

 消炎  抗氧化  有助于消化

果昔3：风味浆果

制作大约300ml果昔

所需食材

2把豆瓣菜·2串红葡萄

2把树莓（大约150g）·1块拇指大小的生姜

将所有的原料放入搅拌机中，并加入200ml过滤水。用搅拌机搅拌直至混合物变得均匀细腻；将混合物倒入大罐或碗上方的塑料滤网中。用一把橡胶刮铲或木勺帮助果汁通过滤网。

这是一种高营养的果昔，富含维生素A、维生素C、维生素B、
维生素E、β–胡萝卜素、叶酸和钙元素。

PS 促进造血　**MV** 补充维生素和矿物质　**RD** 调节消化

果昔4：夏日薄荷

制作大约300ml果昔

所需食材

1/4根黄瓜·半个甜瓜，去皮

1把草莓，去蒂·5片薄荷叶

————————

将所有的原料放入搅拌机中，并加入50ml过滤水。用搅拌机搅拌
直至混合物变得均匀细腻；将混合物倒入大罐或碗上方的塑料
滤网中。用一把橡胶刮铲或木勺帮助果汁通过滤网。

这是具有多种功效的果昔，对增强免疫系统十分有益。

Ⓥ 补充维生素　Ⓗ 保湿　Ⓡⱼ 令人焕发活力

果昔5：绿色焕肤

制作大约400ml果昔

所需食材

1个苹果，去皮并去核·2棵羽衣甘蓝
半个大牛油果，去皮·1/4根黄瓜

将所有的原料放入搅拌机中，并加入200ml过滤水。牛油果使果昔非常浓稠；
如果你想要稀释它，试着少加点水，或者试着用汤匙来享用果昔。

这种果昔富含健康的单一不饱和脂肪，这是丰满、年轻的皮肤所必需的。

RC 修复皮肤　**AI** 消炎　**P** 净化

果昔6：杏仁椰枣汁

制作大约300ml果昔

所需食材

75g杏仁·少许藏红花·少许豆蔻粉或2粒豆荚，去籽并磨成粉

2颗椰枣，去核

———

将所有的原料放入搅拌机中，并加入300ml过滤水。用搅拌机搅拌
直至混合物变得均匀细腻；将混合物倒入大罐或碗上方的塑料
滤网中。用一把橡胶刮铲或木勺帮助果汁通过滤网。

这种果昔将使你心情愉悦，保护视力并提高你的记忆力。

镇静安神　治疗　抗细菌

增强免疫力

    无论是对早期的生活还是日后的生活而言，良好的营养摄入都是非常重要的，这不仅有益于我们的免疫系统，也有益于骨骼的健康。有时，感冒或被传染之后，我们需要一段时间才能恢复正常。尝试使用这种排毒方法来重新启动你的免疫系统并给予身体所需要的，从而让你再次做回自己。

有助于增强免疫力的水果和蔬菜

巴西莓

巴西莓常常以梅干的形式出现，其颜色非常黑，这表明它富含抗氧化剂，研究表明随着年龄的增长，抗氧化物有助于保持免疫健康。

西瓜

西瓜令人神清气爽，具有保湿功效，还是一种强大的抗氧化剂。在瓜皮附近的红色多汁的果肉中含有谷胱甘肽，有助于抗感染并能够增强免疫力。

甘蓝

甘蓝富含氨基酸，并被认为能够帮助那些饱受炎症折磨的人。它还是维生素C和维生素K的极好来源。维生素K在帮助身体对抗入侵物和细菌方面起着重要的作用，这反过来也会有助于增强免疫系统。

排毒一次需要多少天?

这是一个5日排毒计划，但如果你之前从未排过毒，我建议初次排毒时间以3天为佳。

准备工作

在排毒的前两天购买你需要的所有原料。储备额外的柠檬和花草茶。提前一天制作好果昔和果汁，以便坚持计划。

计划表

每天要喝光6种果昔。清晨，用一杯营养丰富的浓浓的果昔来开启崭新的一天。中午，喝第二种果昔——柠檬排毒果汁（见P12）。以果仁奶结束一整天，它将防止你晚上饥饿。无须一口气喝完所有的果昔，如果你喜欢，您可以一小口一小口地享用。我觉得一支宽吸管将会非常有用。

第1天:

排毒期间需每天重复。

果昔1:上午8:00
果昔2:上午11:00（见P12）
果昔3:下午1:00
果昔4:下午3:00
果昔5:下午5:00
果昔6:晚上7:30

可以不必严格地按照这些时间执行，但在上床睡觉之前的2小时内不要进食。排毒期间需要大量饮水，建议每天喝6~8杯水。

果昔1：西瓜杏仁椰奶

制作大约300ml果昔

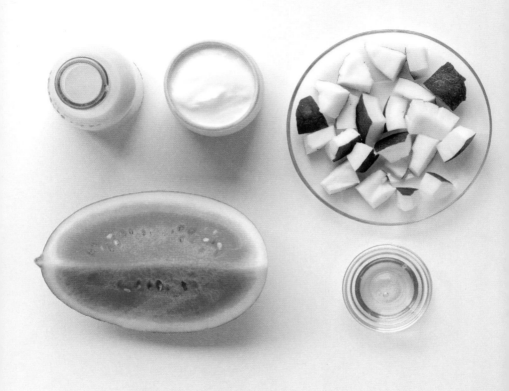

所需食材

100ml杏仁奶·1/4个小西瓜，去皮

100g未经加工的椰肉·100ml天然酸奶·1咖啡匙量的蜂蜜

将所有的原料放入搅拌机中并用搅拌机搅拌直至混合物
变得均匀细腻；将混合物倒入大罐或碗上方的塑料滤网
中。用一把橡胶刮铲或木勺帮助果汁通过滤网。

这是一种能消灭有害细菌和病毒的饮品。

 保湿  净化血液  令人焕发活力

果昔3：薄荷浆果

制作大约300ml果昔

所需食材

10个草莓，去蒂·200g皱叶甘蓝

1个青柠，去皮·1小棵薄荷

将所有的原料放入搅拌机，并加入200ml过滤水。用搅拌机搅拌
直至混合物变得均匀细腻；将混合物倒入大罐或碗上方的塑料
滤网中。用一把橡胶刮铲或木勺帮助果汁通过滤网。

这种果昔富含高效抗氧化剂及维生素A、维生素C、维生素E和维生素K。

Cl 治疗　**I** 增强免疫　**IF** 抗感染

果昔4：红色蔬菜

制作大约300ml果昔

所需食材

1/4根黄瓜·2根小胡萝卜·1根芹菜梗·1/4棵紫甘蓝（120g）

1个柠檬，去皮·1块拇指大小的生姜·1串红葡萄

将所有的原料放入搅拌机，并加入200ml过滤水。用搅拌机搅拌
直至混合物变得均匀细腻；将混合物倒入大罐或碗上方的塑料
滤网中。用一把橡胶刮铲或木勺帮助果汁通过滤网。

这种果昔富含有益于视力的维生素A。

BM 促进新陈代谢　FD 有助于消化　AB 抗细菌

果昔5：巴西莓水

制作大约300ml果昔

所需食材

1/4个西瓜，去皮·半根黄瓜
1小把香菜·1咖啡匙量的巴西莓粉

将所有的原料放入搅拌机，并加入100ml过滤水。用搅拌机搅拌直至混合物变得均匀细腻；将混合物倒入大罐或碗上方的塑料滤网中。用一把橡胶刮铲或木勺帮助果汁通过滤网。

这种果昔富含人体必需的脂肪酸，它将带你走上健康之路。

H 保湿 V 补充维生素 SS 促进血液循环

果昔6：可可坚果

制作大约300ml果昔

所需食材

75g巴西胡桃·1汤匙量的椰子油

1颗椰枣，去核·1咖啡匙量的未经加工的可可粒

将所有的原料放入搅拌机，并加入300ml过滤水。用搅拌机搅拌
直至混合物变得均匀细腻；将混合物倒入大罐或碗上方的塑料
滤网中。用一把橡胶刮铲或木勺帮助果汁通过滤网。

这种果昔富含镁元素，有益于放松肌肉，改善肠道蠕动，放松心脏和心血管系统。

RS 调节血液　**AO** 抗氧化　**AI** 消炎

减肥排毒

如果你一直在暴饮暴食或锻炼得不如预想的那样多，那么尝试这种排毒方法来快速减重吧。食用过多的高脂肪食物将导致血糖水平升高，会引起食欲过剩、烦躁易怒和情绪波动。如果想要减少热量的摄取量并获得较强的饱腹感，那就试试这些小窍门：

· 有规律的锻炼，这会改善你的情绪。

· 每天喝6~8杯水以补充水分。

· 将果汁作为零食并将其作为日常生活习惯的一部分。

抑制食欲的水果和蔬菜

牛油果

牛油果能够很好地保持血糖水平。它们不能被做成果汁，但却非常适合做奶昔或果昔。牛油果卡路里含量高，富含对人体有益的脂肪，这些脂肪在白天会被身体消耗掉。

葡萄柚

由于葡萄柚中含有植物化学物质，是抑制饥饿的绝佳食材。它们富含维生素C，能促进新陈代谢，有助于燃烧脂肪。

西蓝花

这种蔬菜由于卡路里和糖的含量较低，是可以加入任何果汁的极好食材。西蓝花含有化合物，有助于将血糖快速带入细胞壁中。它还是好的食欲抑制剂。

排毒一次需要多少天？

如果你以前从未排过毒，那么你也许想从为期3天的排毒开始。如果你经常喝新鲜果汁，或者之前做过排毒，或许食用过很多的未经加工的食物的话，那么排毒可以持续5天。

准备工作

在排毒的前两天购买你需要的所有原料。储备额外的柠檬和花草茶来辅助排毒。提前一天制作好果昔和果汁，以便坚持计划。

计划表

每天要喝光6种果昔。清晨，用一杯营养丰富的浓浓的果昔来开启崭新的一天。中午，喝第二种果昔——柠檬排毒果汁（见P12）。以果仁奶结束一整天，它将防止你晚上饥饿。无须一口气喝完所有的果昔，如果你喜欢，可以一小口一小口地享用。我觉得一支宽吸管将会非常有用。

第1天：

排毒期间需每天重复。

果昔1：上午8:00
果昔2：上午11:00（见P12）
果昔3：下午1:00
果昔4：下午3:00
果昔5：下午5:00
果昔6：晚上7:30

可以不必严格地按照这些时间执行，但在上床睡觉之前的2小时内不要进食。每天喝水，如果你喜欢喝茶，试试花草茶和绿茶。

果昔1：清晨葡萄柚

制作大约300ml果昔

所需食材

1个葡萄柚，去皮·1个苹果，去核并切成块

2棵羽衣甘蓝·5片薄荷叶

将所有的原料放入搅拌机，并加入100ml过滤水。用搅拌机搅拌
直至混合物变得均匀细腻；将混合物倒入大罐或碗上方的塑料
滤网中。用一把橡胶刮铲或木勺帮助果汁通过滤网。

这种果昔富含维生素C，维生素C对免疫系统的健康十分有益。

CF 抑制饥饿　V 补充维生素　RD 调节消化

果昔3：牛油果盛宴

每天制作大约500ml或250ml果昔

所需食材

1个牛油果，去核并去皮·半个青柠榨汁·2小枝欧芹

5片薄荷叶·半根黄瓜·1串无核绿葡萄

这种果昔足够饮用两天。将所有的原料放入搅拌机中，
包括用半个酸橙榨成的汁和300ml过滤水。搅拌。

这种美味的果昔富含维生素K、维生素C、维生素B和维生素E。

RS 调节气血　**PR** 补充蛋白质　**F** 增强体力

果昔4：西蓝花西瓜汁

制作大约300ml果昔

所需食材

4块西蓝花的顶部・1/4个小西瓜，大约250g，去皮

3根小萝卜・100ml椰子汁

将所有的原料放入搅拌机并用搅拌机搅拌直至混合物变得均匀细腻；将混合物倒入大罐或碗上方的塑料滤网中。用一把橡胶刮铲或木勺帮助果汁通过滤网。

这种果汁富含各种维生素，有助于改善心血管系统。

CF 抑制饥饿 **AB** 抗细菌 **PS** 促进造血

果昔5：螺旋藻奶昔

制作大约400ml奶昔

所需食材

1咖啡匙量的螺旋藻粉·2棵菠菜·1个苹果，去核

半根黄瓜·4小枝欧芹

将所有的原料放入搅拌机，并加入100ml过滤水。用搅拌机搅拌
直至混合物变得均匀细腻；将混合物倒入大罐或碗上方的塑料
滤网中。用一把橡胶刮铲或木勺帮助果汁通过滤网。

这种奶昔营养丰富，尤其有益于脑功能。

RS 调节气血　PR 补充蛋白质　V 补充维生素

果昔6：肉桂腰果

制作大约320ml果昔

所需食材

100g腰果・1咖啡匙量的肉桂粉

2颗椰枣・1咖啡匙量的龙舌兰花蜜

将所有的原料放入搅拌机，并加入300ml过滤水。用搅拌机搅拌直至混合物变得均匀细腻；将混合物倒入大罐或碗上方的塑料滤网中。用一把橡胶刮铲或木勺帮助果汁通过滤网。

这种果昔有助于控制血糖水平，具有很好的消炎作用。

RS 调节气血　C 镇静安神　CI 治疗

一月份排毒

在过度地劳累和过度地沉迷于美食之后，你可能会感觉身体正渴望着一些温柔的关爱。通常，在圣诞节过后，我们都会觉得更加疲惫，我们的皮肤浮肿，腰围似乎也扩大了一点点。那么好吧，这个排毒计划是专门为你打造的，是开始新的一年并让你的身体被重新激活的绝佳途径，你会感觉浑身充满了活力，勇往直前。

有助于增进健康的水果和蔬菜

甜菜根

由于甜菜根是天然的甜味剂，因此是做果汁的极好蔬菜。甜菜根富含叶酸、钾元素、镁元素、铁元素及维生素A、维生素B₆和维生素C，会自然地增强你的体力。

蓝莓

这些小巧的北美水果具有强大的营养功效。蓝莓富含维生素K和维生素C，有助于增强免疫系统。

奇亚籽

这些黑色的种子（你也可以购买奇亚籽油）的原产地在墨西哥和危地马拉。它们富含营养，对身体和大脑都有所帮助。由于这些种子富含抗氧化剂、蛋白质和OMEGA-3脂肪酸，因此它们颇受欢迎也是不足为奇的。在网上可以找到奇亚籽油，这是将奇亚籽加入果昔的极好方法。

排毒一次需要多少天？

这是一个5日排毒计划，但如果你之前从未排过毒，我建议初次排毒时间以3天为佳。

准备工作

在排毒的前两天购买你需要的所有原料。储备额外的柠檬和花草茶。提前一天制作好果昔和果汁，以便坚持计划。

计划表

每天要喝光6种果昔。清晨，用一杯营养丰富的浓浓的果昔来开启崭新的一天。中午，喝第二种果昔——柠檬排毒果汁（见P12）。以果仁奶结束一整天，它将防止你晚上饥饿。无须一口气喝完所有的果昔，如果你喜欢，可以一小口一小口地享用。我觉得一支宽吸管将会非常有用。

第1天：

排毒期间需每天重复。

果昔1:上午8:00
果昔2:上午11:00（见P12）
果昔3:下午1:00
果昔4:下午3:00
果昔5:下午5:00
果昔6:晚上7:30

可以不必严格地按照这些时间执行，但在上床睡觉之前的2小时内不要进食。排毒期间需要大量饮水，建议每天喝6~8杯水。

果昔1：蓝莓甜橙

制作大约350ml果昔

所需食材

3把蓝莓·1个橙子，去皮·2根小胡萝卜
4块西蓝花的顶部·1汤匙量的奇亚籽油

将所有的原料放入搅拌机，并加入150ml过滤水。用搅拌机搅拌
直至混合物变得均匀细腻；将混合物倒入大罐或碗上方的塑料
滤网中。用一把橡胶刮铲或木勺帮助果汁通过滤网。

这种果昔富含OMEGA-3脂肪酸，有助于减少炎症。

（E）增强活力　（FD）有助于消化　（G）稳定血糖

果昔3：菠菜补充剂

制作大约250ml果昔

所需食材

1根芹菜梗・2把嫩菠菜

1小把香菜・1/3个菠萝，切成块

将所有的原料放入搅拌机，并加入100ml过滤水。用搅拌机搅拌
直至混合物变得均匀细腻；将混合物倒入大罐或碗上方的塑料
滤网中。用一把橡胶刮铲或木勺帮助果汁通过滤网。

这种果昔富含抗氧化物，将全面改善你的健康状况。

(V) 补充维生素　(RJ) 焕发活力　(AI) 消炎

果昔4：活力甜菜

制作大约250ml果昔

所需食材

1个苹果，去核·1根胡萝卜·2个甜菜根
2小枝薄荷·1个柠檬，去皮·1块拇指大小的生姜

将所有的原料放入搅拌机，并加入150ml过滤水。用搅拌机搅拌
直至混合物变得均匀细腻；将混合物倒入大罐或碗上方的塑料
滤网中。用一把橡胶刮铲或木勺帮助果汁通过滤网。

这种果昔是肝脏清洁剂，有助于清除血液中的毒素。

(M) 补充矿物质　(F) 增强体力　(ES) 净化血液

果昔5：蓝月亮

制作大约350ml果昔

所需食材

3把蓝莓 · 1个橙子，去皮
3棵羽衣甘蓝 · 半根黄瓜 · 1咖啡匙量的螺旋藻粉

————

将所有的原料放入搅拌机，并加入150ml过滤水。用搅拌机搅拌
直至混合物变得均匀细腻；将混合物倒入大罐或碗上方的塑料
滤网中。用一把橡胶刮铲或木勺帮助果汁通过滤网。

这种果汁富含抗氧化物，能增强你的心脏功能。

 增强免疫力  增强体力  净化

果昔6：香草杏仁

制作大约300ml果昔

所需食材

100g杏仁·2滴香草精·2颗椰枣
1汤匙量的奇亚籽油

———————

将所有的原料放入搅拌机，并加入300ml过滤水。用搅拌机搅拌
直至混合物变得均匀细腻；将混合物倒入大罐或碗上方的塑料
滤网中。用一把橡胶刮铲或木勺帮助果汁通过滤网。

一杯营养丰富的果仁奶有助于调节你的血糖。

 镇静安神  治疗  有助于消化

图书在版编目（CIP）数据

轻断食代餐果昔 /（法）弗恩·格林著 ；孙萍译. —
北京 ：北京美术摄影出版社，2017.6
（美味轻食）
书名原文：Super Smoothies
ISBN 978-7-5592-0022-8

Ⅰ.①轻… Ⅱ.①弗… ②孙… Ⅲ.①果汁饮料—制
作 Ⅳ.① TS275.5

中国版本图书馆 CIP 数据核字（2017）第 135369 号

北京市版权局著作权合同登记号：01-2016-3715

责任编辑：董维东
助理编辑：杨　洁
责任印制：彭军芳

美味轻食

轻断食代餐果昔

QING DUANSHI DAICAN GUOXI

［法］弗恩·格林　著　孙萍　译

出　版　北京出版集团公司
　　　　北京美术摄影出版社
地　址　北京北三环中路 6 号
邮　编　100120
网　址　www.bph.com.cn
总发行　北京出版集团公司
发　行　京版北美（北京）文化艺术传媒有限公司
经　销　新华书店
印　刷　鸿博昊天科技有限公司
版印次　2017 年 6 月第 1 版第 1 次印刷
开　本　635 毫米 ×965 毫米　1/32
印　张　5
字　数　60 千字
书　号　ISBN 978-7-5592-0022-8
定　价　59.00 元
如有印装质量问题，由本社负责调换
质量监督电话　010-58572393